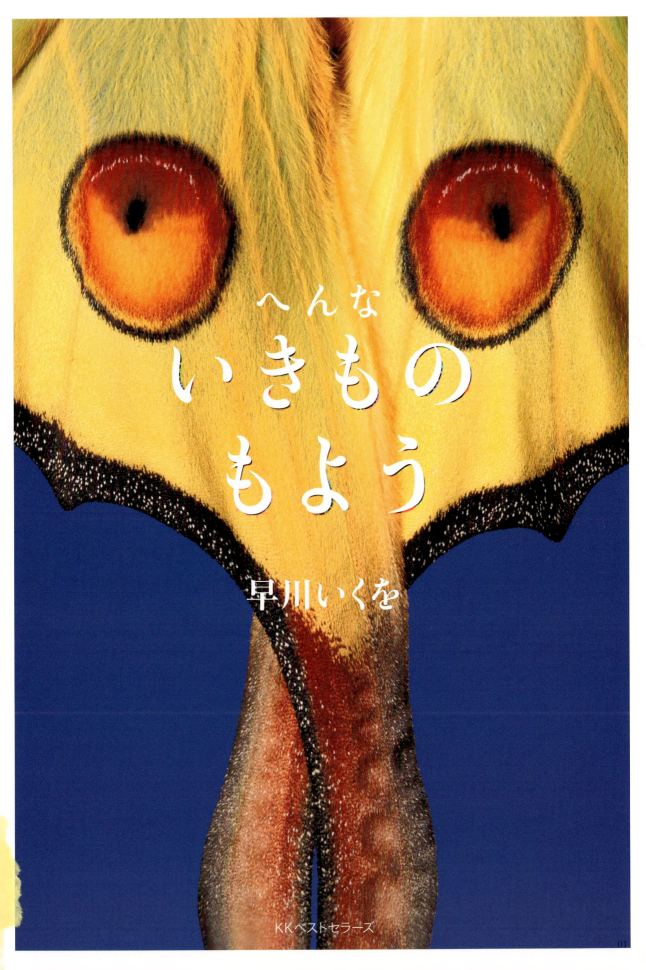

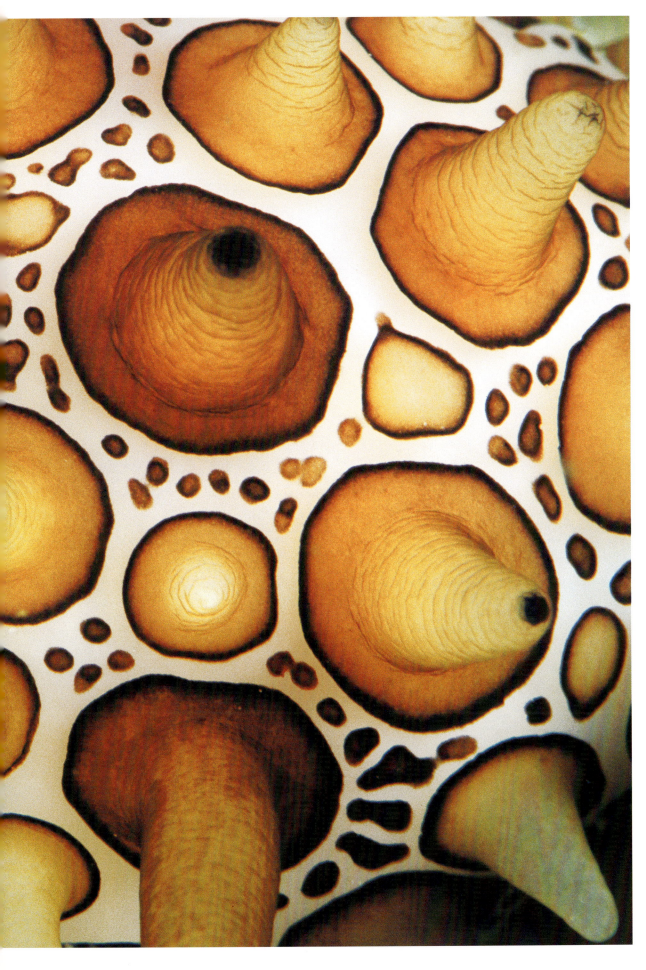

ヒガイの仲間
巻貝の一種。岩礁や海底の砂地に生息している。外套膜と呼ばれる軟体部が、貝殻を覆っているのが特徴。

　美術品ではない。新種のネッシーでもない。これは貝である。この奇妙な模様は、貝殻ではなく、「中身」のもの。貝の身が伸びて、薄い膜のように貝殻全体を覆っているのだ。
　中身が貝殻を覆うとは、あべこべではないか。何でまたそんなことを。お洒落のつもりだろうか。それともお化粧？
　この貝の中身は「外套膜（がいとうまく）」という。外套膜が出す分泌液の作用で貝殻は大きくなっていく。この貝はこうやってせっせと自分の貝殻を成長させているのだ。
　試しに、貝をちょっと驚かせてみると、外套膜はサッとかき消すようにひっこんでしまう。
　すると何の模様もない、ただ白いばかりの、のっぺらぼうの貝殻が現れる。これがこの貝の「すっぴん」なのだ。

ツノゼミの仲間

植物の汁などを吸って生活している。世界で3000種以上が記録されるが、多くが中南米の熱帯地域に生息している。奇妙な形態の理由はよくわかっていない。

ドルチェ＆ガッバーナの新作ツノゼミです。
……と、言われたら、うっかり信じてしまいそうな、このルックス。
大胆なモノトーンに、ワンポイントの赤。心憎い配色だ。
何でこんなに無駄にスタイリッシュなのか、聞かせてほしい。
草の汁なんかすすってないで、聞かせてほしい。

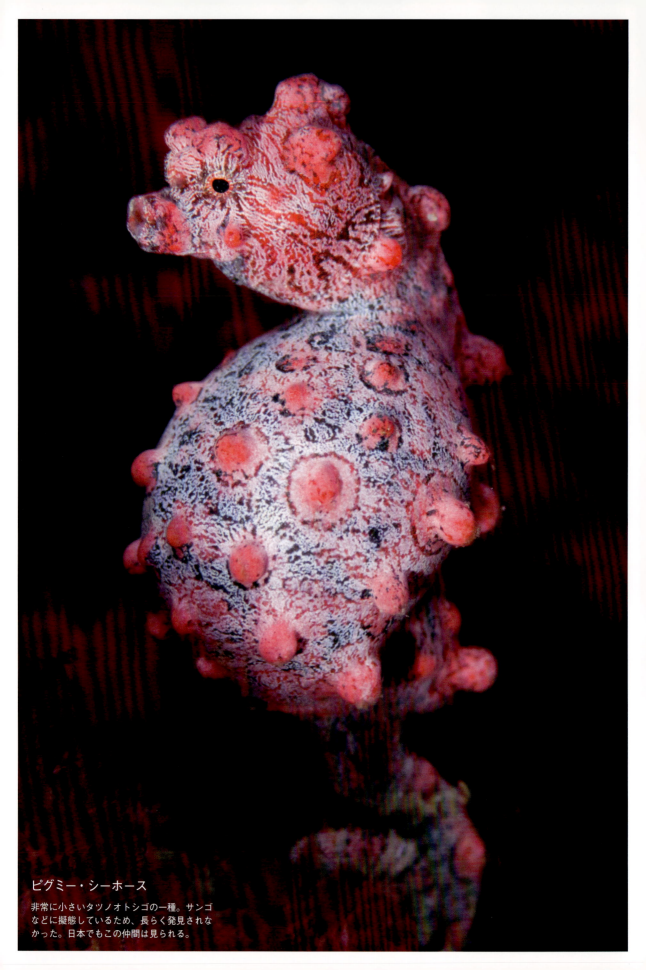

ピグミー・シーホース

非常に小さいタツノオトシゴの一種。サンゴなどに擬態しているため、長らく発見されなかった。日本でもこの仲間は見られる。

タツノオトシゴの仲間は、みんないつもキョトンとした表情をしている。

タツノオトシゴの一種「ピグミー・シーホース」は、その上さらに不思議な柄模様に身を包んでいる。これは擬態。サンゴに化けて身を隠しているのだ。

だが、腹がこうもぱんぱんにふくれあがると、擬態どころか、逆に目立ってしまいそうだ。大丈夫だろうかと思うが、これは極めて重要な仕事の一環だ。彼はもうすぐ子供を産むのだ。

そう、彼、である。

タツノオトシゴは、オスが子供を「出産」する。

オスの腹の中には、温度、酸素、血流、塩分濃度などを調節する「保育器」のような器官がある。メスに産みつけられた卵は、この中で孵り、稚魚になって産まれてくる。これは、さらなる産卵に、メスが迅速に備えるための方法と言われている。

無事に子供たちを産み終え、大役を果たし終えると、彼はまた元通りの細い姿となる。さぞかしくたびれ、やつれ果てるかと思えばさにあらず、彼はまたキョトンとした顔で、次の出産に備えるのである。

ビジュアル系のウニである。
美しく危険で、華麗な魅力を放つ、ウニのスター。
「俺に見ほれて手を出すと、ケガするぜ」
毒針に毒舌もさえわたる。派手なステージ衣装からビンビンと伝わる自己主張。危険な男の香り。
魚などの敵がくれば、闘志もあらわに、トゲを相手に向けるという胆力も見せてくれる。目も耳もないが、表皮全体の感覚細胞で、危険を察知する。防備も固いのだ。
だが、この防御力を勝手に利用する生き物もいる。
イシモチなどの魚は、毒ウニのトゲのすき間を住みかにする。さらに、カニの中には、ウニを背負うものがいる。盾として使うのだ。もちろん何の断りもない。
派手な衣装で自己主張しつつ、ウニのスターは、よいしょと背負われ、なすすべもなく連れ去られてしまうのである。

アカオニガゼ
ガンガゼの仲間で大形のウニ。鮮やかな赤色が特徴。英語では「ファイヤー・アーチン（炎のウニ）」とも呼ばれる。トゲに毒をもつ。

ウニ（ガンガゼの仲間）の骨格

「ロマノフ王朝展」とかで飾られていそうな一品だが、これは実はウニのカラ。骨なんだ。ウニからトゲや組織を取っ払うと、こんな王冠が現れる。

「ウニに骨なんてあんの」
ウニ軍艦をほおばりながら、彼女は言った。
「この模様ってマジ？ あんた、描いたんでしょ？」
そう聞かれても、俺は笑って答えなかった。ほんと、何でこんな模様があるんだろう。
イボイボはトゲの「関節」みたいなものだ。ウニのトゲの根元はお椀みたいな形で、このイボイボとぴったり重なり、自在に動かすことができる。
上に開いてる穴は肛門。この反対側にあるのが口だ。
「やだもう、すぐ肛門とかってさあ」
「それだけじゃない。今、君がほおばってるその身も、実は生殖巣なんだ」
彼女は目だけで笑って、何も答えなかった。

ウニの骨は、小さなパズルみたいな骨片（こっぺん）が組み合わさってできている。自然の中ではすぐ壊れてしまって、きれいに残ることは滅多にない。
こんな会話も、君の中ではウニの骨みたいに、バラバラになって消えちまってるんだろうな。
でも、俺は覚えてる。
それは、ウニの身みたいに甘くって、ウニのトゲみたいに心を刺すんだ。
何度も、何度も刺しやがるんだ。

リクガメの甲羅

スイス銀行の金庫の扉は、超マイクロ鋼でできている。左の写真は、その金属結晶を電子顕微鏡で観察した格子像だ……と、もっともらしい事を書いてみたが、これはカメの甲羅である。

甲羅模様をよく見ると、年輪のようなものがある。これは甲羅に残った、冬眠と成長の記録。まさしく年輪だ。老人のしわに人生が刻まれるごとく、カメの甲羅にもその歴史が刻印されるのである。

カメの甲羅など、まったく平凡なものに思えるが、生物の部位としては実に珍しく、他に類例がないのだという。なるほど、たしかにカメのような甲羅をもつ生き物は、他に思い当たらない。

カメの甲羅は、どのような進化を経て、できあがったのか。これは長年にわたって論争の的だった。だが近年、日本の独立行政法人・理化学研究所が、ついにこの問題に終止符を打った。カメの甲羅は、肋骨が発達してできあがったことを解明したのだ。長い歳月を経て、骨があんな装甲板になったと思うと、感嘆せざるをえない。これからは、夜店のミドリガメにも畏敬の念を抱いてしまいそうだ。

「亀の甲より年の功」という。しかしどうだろう。カメの甲羅は、三畳紀からこっち、二億年にわたってカメを守り続けてきているのだ。これに比肩する知恵が、人間にあるだろうか？

海底のポップアートこと、ウミウシ。
遠い昔に、殻に閉じこもる生活を打ち捨て、
外に飛び出した巻貝の末裔だ。
それがまた、なぜにもよって、こんなにも美しい柄模様。
有毒警告色とか、サンゴに擬態するためなどと言われるが、
貝にこんな美的センスがあったら、人間の立場がない。
裾にあしらえば、素敵な着物ができそうだ。
柄の名前は、「海牛紅花小紋」である。

ニシキウミウシ
イロウミウシの仲間。インド洋、西太平洋で分布、日本では伊豆半島でよく見られる。個体によって、色が大きく変わる。

インターネットウミウシ
オキナワヒオドシウミウシとも呼ばれる。電子回路のような模様が特徴。

「よし。我が電脳部隊はこれより作戦行動に移る。ネット空間にダイブし、目標のメインシステムに侵入、機密ファイルを奪取するのだ」
「了解です」
「大脳接続完了。防壁に気をつけろ。では行くぞ!」

「隊長、これはいつもの電脳空間じゃありません!」
「しまった、罠だ! これはインターネットじゃない。インターネットウミウシだ! 我々はインターネットウミウシの回路模様に囚われてしまったのだ」
「た、隊長、回路模様が無限に続いていて、脱出できません!」
「うろたえるな。突破口は必ずある」
「隊長」
「今度は何だ」
「ウミウシが交尾してます」
「……」
「ウミウシは雌雄同体、体の側面にある生殖器官を結合させ、精子を交換、お互いの卵を受精させる。動きがにぶく、交尾相手を見つけるのが難しい生き物にとって、雌雄同体は有利な仕組みだ……」
「……お前、なぜそんなにウミウシに詳しいんだ?」
「クックック……」
「き、きさまは……!」

ウミウシの卵塊とシラナミイロウミウシ

ぐるぐる。ぐるぐるぐる。
大は銀河系から、小は指紋まで。自然界には、いろいろなうずまきができる。
ウミウシの卵は、皮膜で覆われたヒモ状の卵塊だ。海底の一カ所に卵を産みつけようと這い進めば、なるほど、こんなぐるぐるうずまき模様になる。
やがてこのぐるぐるうずまきから、たくさんの子供たちが産まれて泳ぎだす。
だが、その中で大人に成長できるのは、ほんのわずか。宝くじに当たるようなものだ。大半の幼生は、他の生き物の餌となって果てる運命にある。
生きるって何だろう。いのちって何だろう。頭の中にもうずまきはできる。ぐるぐる。ぐるぐるぐる。

スパージ・ホーク・モスの幼虫
ヨーロッパ、アジア大陸に生息していたガの一種。有害雑草を餌とするので、生物的防除のため、アメリカ大陸に移入された。

毛虫やイモムシを見ると、ある種のヒステリー症状に似た反応を示す人がいる。

しかし、何事においても経済性を優先するクールな現代人なら、棒切れを振り回すなどの行いは控えるべきであろう。彼らの中には、立派な益虫として働いている者もいるのだから。

ユーラシア大陸の多年草、「リーフィー・スパージ」は、他の植物の種にまぎれこみ、19世紀にアメリカ大陸に侵入した。

一見、平凡に見えるこの植物は、魔物であった。光を遮り、水や栄養分を奪い、毒素を出し、他のいたいけな在来植物を蹴散らすようにして繁茂し始めると、広大な大地を瞬く間に占拠、「緑豊かな砂漠」に変えていった。繁殖力が旺盛で除草剤にも強く、少しでも根が残っていればたちどころに再生。牧草も駆逐し、家畜を病気にした。経済損失は、1億2千万ドル以上。アメリカ農務省はこの植物を「侵略的外来種」に認定した。

スズメガの一種、スパージ・ホーク・モスは、この外敵に対抗するため導入された。このスズメガの幼虫は、リーフィー・スパージだけを食べるのだ。

このガは1965年に導入され、生物的防除の古典的な存在となった。現在も同じ目的で導入された甲虫、ハエなどと共に、防除に一役買っている。人も昆虫も、見た目で判断してはならない。イカれた格好でも、いいやつはいる。その逆もまたしかり。いや、その方が多い。ずっと多い。

魔法でカエルにされてしまった王子さまは、やっと
のことでお城にたどりつきました。
しかしどうでしょう、りっぱだったお城は、変てこ
なキノコに変わっているではありませんか、くさい
匂いを放つスッポンタケです。
王子さまはがっくりとうなだれました。あの美しい
お城がキノコとは。しかもスッポンタケ。魔法使い
の高笑いが聞こえるようです。

でも、やがて王子さまは顔をあげました。
考えてみると、こうして両生類として生きていくの
も、悪くないかもしれない。
もう、領地をめぐる紛争も、後継者争いも、政略結
婚もないでゲロ。

──自由！

そう思うと、王子さまの意識はゲロ、急速にカエル
になっていきましたでゲロ。
虫、食べたいでゲロ。
森が恋しいでゲロゲロ。

王子さまの意識にゲロ、妹のマーシャの笑顔がふと
浮かぶと、かすみのようにゲロゲロゲロ。

ゲロ。ゲロ。あの夜、あんな事を言ってゲロゲロゲ
ロゲロ。ゲロゲロゲロゲロ。

ゲロゲロゲロゲロ。マーシャゲロゲロゲロ。
ゲロゲロゲロゲロゲロゲロゲロ。ゲロゲロゲロ。

ぴょーん！

スッポンタケの仲間
主に中南米北部で見られる。茎の上部の帯のような部分は「グレバ」と呼ばれる胞子の塊で、ここから発する不快臭でハエなどを引きつけ、胞子を運ばせる。

さあさ集まれ毒ガエル。
有毒警告色ファッションショーの始まりだ！

武器っていうのは、もってるだけじゃ意味がない。
もってることを敵にわからせなきゃね。
だからこそ、この目の覚めるような色柄模様さ。
ぼくらにさわっちゃ、ダメ、ゼッタイ！
バトラコトキシンにプミリオトキシン、ヒストリオニコトキシン。 毒ダニや毒アリをせっせと食べて、体内生成したアルカロイド系神経毒。
これをどうにかすると強力な鎮痛剤になるらしいんだけど、浅知恵でいじらないほうがいいよ。
何しろ何百万年っていう時間が調合した、至高の毒薬だ。わずか20マイクログラムで、天国か、もしくは地獄の扉が、開いちゃうんだから。
鳥よ、ヘビよ、ぼくらのこの装いを、十分目に焼き付けておいてくれ。

この有毒警告色ファッションショーで！

ヤドクガエル

主に南米の熱帯雨林に生息する猛毒のカエル。200種以上が知られる。鮮やかな体色は、天敵への警告色と考えられている。

ライノセラスアダー

全長1メートルほど。鼻の突起と、体表の複雑な模様が特徴。体表の模様は生息地によって、色や明るさが変わることが知られている。

毒ガエル同様、毒ヘビも派手になっていった。猛禽や肉食獣に、有毒性をアピールするためだ。
ライノセラスアダーは「世界で最も美しい毒ヘビ」であると同時に、「アフリカで最も危険なヘビ」とも言われる。ではこの色柄も警告かと思えば、意外にも偽装であるという。
この毒ヘビは、森の地面にまぎれこんで身を隠し、獲物を狙う。こんなにも派手な柄模様が、落ち葉やら石やら土塊でごちゃごちゃと埋め尽くされた地面には、不思議にとけこんでしまうのだ。

しかし、我々人間は、毒ヘビがどんなにうまく隠れようとも、すぐに見つけ出すことができる。
霊長類はヘビを見つけるために脳の視覚システムを発達させてきたのだという。
樹上生活をしていたヒトの祖先にとって、一番の敵はヘビだ。ヘビの偽装を見分けられるか否かが、生死を分けたのである。そのため、ヘビの姿形に反応する脳内の領域が発達していき、恐怖という形で、ヘビへの備えを固められるようになったのだ。

ヘビへの恐怖心は、何万年も前のご先祖から伝わる遺伝的家訓のようなものだ。我々が空き地で無害なシマヘビを見てもぎょっとするのは、この家訓がいまだに効いているからである。
もっとも、都会ではもうシマヘビなども、ついぞ見かけなくなってしまった。空き地などがあるのも、もはやドラえもんの世界だけである。

ボールニシキヘビ
ニシキヘビ属に分類される。最大全長1.8メートル。森林、草原などに生息する。ペットとして、様々な品種が生み出されている。

これは印刷ミスではない。
こういう模様のヘビなのだ。
ニシキヘビには、様々な柄模様のものがあるが、これはその中のひとつ。「パイボールド」と呼ばれる品種で、愛好家にことのほか珍重される。
色素が部分的にしか定着しなかった、遺伝子の潜性形質で、白と模様の混在加減は、まったくランダムだ。そのパターン如何でお値段もぐんとちがってくる。
野生ではこういった個体は、生きるのに不利だが、マニアのマーケットという独自の生態系では、安楽に暮らしていくことができる。生まれ変われるなら、不思議模様のニシキヘビになりたい。

スズメガ科のガの幼虫
スズメガ科ホウジャク亜科に属する。
コスタリカで撮影された。

このヘビも、パイボールド同様珍しい種類で……と
いった流れになるのが生物写真集の定石なのだろう
が、そうは書けない。これはヘビではなくイモムシ、
ガの幼虫だからだ。

普段は何ということもない、平凡な姿のイモムシだ
が、危険を察知すると、瞬時に見事なヘビに変身す
る。イモムシにありついたと思った鳥も、ぎょっと
して放り出すという。
三角形の頭、黒々とした目。実にヘビだ。ヘビ感いっ
ぱいだ。目のハイライトがうますぎる。
このクオリティー、いくら擬態だ、進化だといって
も、できすぎではないか。

それにしても一体、何がどうなってこういう姿にな
るのだろう。
よくよく写真を見ると、仰向けになった幼虫が一生
懸命に足を縮め、体をふくらませているのがわかる。
体の黒い模様が広がって「目」になっているのだ。
何だか、だまし絵を解いたような気分だ。
と、同時にこのけなげさを応援したくなってくる。
うん、ヘビだよな。すごいな。がんばれな。
鳥なんかに負けるんじゃないぞ。
あんまり力みすぎると、体がプルプルしちゃってリ
アリティーが減ずるから、リラックスしていこうな。

「フクロウチョウ」というチョウの羽には、奇妙な目玉模様がある。
長らく、これは天敵の小鳥を追い払うため、フクロウの目に擬態しているのだと考えられてきた。
だが、この説に異を唱えた研究者が現れた。
これは単に、同心円状の模様が動物に嫌悪感を生じさせているだけで「フクロウの擬態」とまではいえないのではないか？
そこである研究者グループが、このことを確かめるためにひとつの実験を行った。実験の協力者は、小さく可憐なシジュウカラであった。

フクロウチョウ

メキシコ、中米、南米の熱帯雨林に生息するチョウ。大形で、羽を広げると20センチにもなる。腐った果実、樹液などを吸う。学名の「Caligo」は「夕暮れ」を意味する。

シジュウカラはチョウをエサにする。なおかつフクロウのエサとなる。ではフクロウチョウの目玉模様を見せたら、この小鳥はどんな反応を示すだろうか？　そこでシジュウカラに、モニターでチョウの目玉模様を見せてみた。

実験の結果は、昔ながらの話を裏付けるものであった。シジュウカラは単なる同心円状の模様より、フクロウそっくりの目玉模様により強く忌避反応を示したのである。
フクロウチョウは、虎の威を借るように、フクロウの威を借りてシジュウカラを追い払っていたのだ。

こうした目玉模様は「眼状紋（がんじょうもん）」と呼ばれる。
ガやチョウ、カマキリ、魚、カエル、タコなど、色々な生き物に見られる。目玉模様は、色々な生き物に威嚇効果があるのだろう。

目玉模様は、人間にも効果的なことがわかっている。目の写真や絵を貼っておくと、人々は行儀よく振る舞うのだ。誰もいないとわかっていてもなお、人は心理的に襟を正すのである。「ごみを捨てるな」の看板に描かれた、怒った目のイラストは、いまだに効果的なのだ。

将来、シート状のディスプレイが一般化したら、店先に、電車内に、通学路に、あらゆるところにハイテク眼状紋がベタベタと貼られ、にらみをきかせるようになるかもしれない。

コノハムシの仲間

木の葉そっくりに擬態する昆虫。写真は腹部を反り返らせたメスを、後ろから撮影したもの。つまり腹部の裏側である。

シラホシカメムシの仲間

イネ科、マメ科などの植物の汁を吸う。円状の黄白紋があるのが特徴。

「パレイドリア」とは心理学用語で、見ている対象の中に、まったく別のイメージを見い出してしまう、一種の錯視現象をいう。

わかりやすいのは、顔だ。雲、壁のしみ、木目、あらゆるところに顔が見える。我々の脳は、顔というものに特別の認識能力があるので、様々な物に、様々な顔を勝手に見つけてしまう。

そういう訳で、生き物の模様の中にも、顔は色々と見い出せる。そしてその度に「人面何とか」といって騒がれるのだ。

Corystes cassivelaunu
北大西洋、地中海、アドリア海で見られる。甲羅面が顔のように見えることから、「マスクド・クラブ」などとも呼ばれる。

源氏に討ち滅ぼされた、平家の武者の怨念が乗り移ったとされるヘイケガニ。背中に憤怒の表情を背負う、「人面ガニ」として有名だ。
アメリカの天文学者、カール・セーガン博士は、この人面模様が、ヘイケガニの繁栄に一役買っているのではないか、という仮説を打ち立てたことがある。漁師はこのカニを穫っても、恐れて捨ててしまう。つまり顔に似ているカニは、人間に補食される危険が少ない。ヘイケガニは人面模様ゆえに繁栄してきたのではないか、という説だ。

そうなると、このカニはどうだろう。
仏である。尊いのである。こんなカニを食ったら仏罰がくだる。あまりのありがたさに補食される危険がなくなり、繁栄しそうである。
カニのほうも、仏に似ている個体ほど生き残る確率が高くなるので、こぞって仏に似てくるのではあるまいか。進化が進んでいけば、いつか「観音ガニ」とか「菩薩ガニ」とか「如来ガニ」など、様々なタイプの仏ガニが現れそうだ。

そして、これらの仏に似ているカニたちは、「ワタリガニ」ならぬ「サトリガニ」というグループに分類されるのである。

華麗な衣装に身をつつみ、化粧を施したオーストラリア先住民・アボリジナルの部族長の男性。化粧は、単なる美しさだけでなく、彼らの奥深い文化、歴史や芸術、信仰、精神の表れでもある。

こちらもオーストラリアに古くから住むピーコック・スパイダー。小さなハエトリグモの一種だが、体が強烈な色彩の模様に彩られている。まるで、アボリジナルの文化や芸術に共鳴したかのようだ。

ピーコック・スパイダー
ハエトリグモ科に属するクモ類。
体長1センチ以下。オースト
ラリアに分布。網を張らず、昆
虫などを捕らえて餌にする。

ピーコック・スパイダーは、豆粒ほどにも満たない
小さなクモだ。「孔雀」の名の通り、美しい模様を
もつ。柄模様には、様々なバリエーションがある。

アボリジナルや、ケニアのキユク族、パプアニュー
ギニアのフリ族など、顔に派手で美しい化粧を施す
文化をもつ民族がいる。それは狩猟、宗教、戦闘、
歴史、コミュニケーションなど様々な意味をもつ。
ピーコック・スパイダーの柄模様も、こういった芸
術を模倣したかのような多彩さがある。
だが、彼らの模様の意味するところは、ただひとつ。
「愛」だ。

オスは背中にある「帆」を掲げて、この模様をメス
に見せつけながら踊る。求愛のダンスである。
優雅で情熱的……かと思いきや、そのダンスは、超
高速のラジオ体操というか、爆笑盆踊りというか、
何かのコントのようにしか見えない。
だが決して笑ってはならない。彼らは命がけなのだ。
オスはご自慢の柄模様を見せつけながら踊り、地面
を通して愛の振動を彼女に伝える。そして徐々に間
合いをつめ、やがて想いを遂げる……ことになれば
いいのだが、往々にして彼らはメスに餌と認識され
て食い殺されてしまう。

バラの花束をもってドアをノックしたら、引きずり
こまれてノドを食い破られるようなものだ。
それでも彼らは、愛の成就のために、その身を投げ
出す。だから、どうか笑わないでほしい。歯を食い
しばってぐっとこらえてほしい。

ウルトラマンボヤ

サンゴ礁に生息する群体性のホヤの一種。「ウルトラマンボヤ」は俗称。正式な和名はまだない。日本では沖縄の海などで見られる。

「ムッフォッフォ、ついにウルトラ一族を一網打尽にしてやったぞ」
「ウヌ！ 卑怯だぞバルタン星人！」
「お前たちはこれから、地球の一番原始的な生物の一種、ホヤになるのだ」
「やめろ！ ここから出せ！」
「ムッフォッフォ、仲良く群体性のホヤになり、水を吸ったり吐いたりして暮らすがよいわ」
「科学特捜隊が我々をきっと助けてくれる！」
「そうかな。まあ、水中の有機物をこしとって食べる生活も悪くないぞ。もう地球人のために戦う必要もない。ゆっくり休みたまえ。では、ホヤすみ。ムッフォッフォッフォ！」
「おのれ、バルタンめ！ ホヤなどになってたまるものか。よし、みんな力を合わせてここから脱出しよう！ ヘアッ！」
「デュワーッ！」
「アワッ！」
「ヘアッ！」
「デュワッ！」
「ヘアッ！」
「ホヤッ！」
「ヘアッ」
「ホヤッ」
「ホ……ヤッ」
「ホ……ヤ……」

ツツボヤの仲間

群体性のホヤの一種。ノルウェーからヨーロッパの海岸沿いの南、地中海で見られる。

「すばらしいディナーだったわ、あなた。お料理だけじゃなくて、お部屋も、食器もとてもいいわね。このバカラのグラスも本当に美しいわ」
「サラ、すまない。これはホヤなんだ」
「あなたとこうしていると、パリのあの夜を思い出すわ。素敵なグラスが並んでいたのを今でも覚えているの。センスあるのね」
「グラスじゃなくてホヤなんだよ。一見、植物のようだが、尾索動物亜門ホヤ綱に属する、れっきとした海産動物なんだ」
「でもおわかりかしら。あなたの言葉、すべてを水に流したわけじゃないのよ」
「サラ、ホヤは体を収縮させ、入水孔から水を取り込み、栄養分を濾過して出水孔から流し出すんだ」
「あなたの優しい言葉は、時として人を刺すのよ。まるで空を自由に飛ぶ、愛の妖精クピドのように」
「ホヤの幼生は水中を自由に泳ぎ回り、やがて岩に固着して成体に変態する。脊椎動物と共通の遺伝子をもっているんだ」
「あなたはひとつの愛に固着することはないのね。でも、今夜はそんな話はよしましょう。あの日の想いを、再び手にすることができたのだから」
「サラ、お願いだ、どうかホヤの話を……」
「さあ、このすばらしい夜に、乾杯しましょう」
「ホヤにシャンパンを注ぐな！」

サイケデリック・カエルアンコウ
2008年に発見された、カエルアンコウの新種。体長15センチほど。軟らかい表皮が粘液で保護されている。胸びれを使って海底を這うように歩く。

2009年度に発見された、「カエルアンコウ」という魚の新種である。幻覚のような模様にちなんで「サイケデリック・カエルアンコウ」と名づけられた。「サイケデリック」と「アンコウ」という突拍子もない組み合わせがすばらしすぎるが、サイケ、ヒッピー、フラワームーブメントなどと言っても、もはや古すぎて、デボン紀とか石炭紀とかいった、遠い地球の歴史にも思える。

このサイケ模様は、サンゴなどにまぎれこむ擬態、岩場やサンゴの隙間に身を隠せば、ほぼ完璧に姿を消せる。そして獲物を待ち伏せ、一瞬で飲み込んでしまう。模様は一匹として同じものはなく、指紋のように個体識別ができるという。

魚だけに一応は泳ぐのだが、体を丸めてゆらゆらと漂うその姿は、いささか頼りない。サイケ模様のボールが岩場にゴンゴンとぶつかりながら漂う光景は、サイケというよりコッケイだ。

サイケデリック・カエルアンコウは「2009年度に新たに発見された生物種トップ10」のひとつに選出された。
久々に聞いた「サイケデリック」という言葉。古い友人とばったり再会したかのようだ。
LSDもマリファナも御法度だが、ありがたいことに、酒は合法だ。今夜は一杯やりながら、サイケなカエルアンコウに思いを馳せつつ、久々に「サージェント・ペパーズ・ロンリー・ハーツ・クラブ・バンド」でも聴いてみようか。

ムラサキシャチホコ

シャチホコガの一種。日本各地で見られる。
体長5センチほど。幼虫はオニグルミの
葉を食べるが、成虫は何も食べない。

これは、ガである。
丸まった枯れ葉に擬態している。

なるほど、枯れ葉に似た姿になって、羽を丸めているんだね、とあなたは思うかもしれない。

ちがうのだ。
丸まってなどいない。
これは単なる模様である。
いやいや、それはないでしょう。丸まっているんでしょう？ とあなたは言うだろう。
しつこいようだが、ちがうのだ。
この影、この陰影、この立体感、全てウソである。
単なる模様なのである。

これだけ言っても、まだわからんのか。
だったら、下の写真を見るがよい。
どういうことか、おわかりいただけただろうか。

　ホタルの幼虫です。
　ホタルの幼虫って、きれいな川にいるって思ってました？
　陸棲のホタルっていうのもいるんですよ。
　川の連中は、カワニナなんか食いますけど、
　ぼくが好きなのはカタツムリですね。
　幼虫ながら、立派にお尻も光ります。
　枝にそっくりでしょう？
　でも、それは真横から見た場合なんで、
　ほかの角度からは見ないでください。
　そうそう、そのぐらいの位置から。そこから動いちゃだめ。
　だめだったら！
　上から見ないでください！ 斜めからもだめ！
　画像検索とかもしないでくださいね。

陸棲ホタルの幼虫

湿地、森林に棲み、カタツムリやミミズなどを餌にするものが多い。幼虫は、カエルなどの捕食者を遠ざけるために光ると考えられている。

DISCO 二枚貝

ウコンハネガイ
太平洋の浅海の、岩場やサンゴ礁などに生息する。殻高5センチ。外套膜周縁部が稲妻のように白く光って見えることから「Disco Clam（ディスコ二枚貝）」と呼ばれる。

ディスコ！　二枚貝！
ディスコ！　二枚貝！

みんな集まれイカした貝さ　その名もディスコ二枚貝！
貝のくせに電気がピカピカ
イルミネーション　二枚貝！
二酸化ケイ素の反射だけれど、
どう見ても放電エレクトリック
水中フラッシュ　華麗なスパーク
ごきげん海底のミラーボール
今夜の君は乙姫クイーン　きめてみせるぜ　二枚貝！

ディスコ！　二枚貝！
ディスコ！　二枚貝！

敵への威嚇か　エサを誘うか
はたまたメスへのアピールか
何で光るのかわからない　どうでも全然わからない！

ディスコ！　二枚貝！
ディスコ！　二枚貝！

興奮すると光りだす　ひとりで突然光りだす
シャコの野郎もこわかない
あいつは噂の　二枚貝！

ディスコ！　二枚貝！　ディスコ！　二枚貝！
ディスコ！　二枚貝！　ディスコ！　二枚貝！

ア————オ!!

これはハチである。

これはハチではない。

ハチですが、何か？

前ページの写真は、ハチではない。ガである。
ガがハチに化けているのだ。
「ホーネット・モス」と呼ばれる、スカシバガ科のガは、ハチの中でも最強のスズメバチに擬態する。黄色と黒のシマ模様の具合、重量感、プロポーション、実に巧みで、一見、ガとは思えない。
外観だけではない。こいつは「物まね」もする。仕草も、羽音も、飛び方もハチそっくりに真似るのだ。こんなのが「ブォーン！！」と鋭い羽音をたてて飛んできたら、妻子も置いて逃げ出しそうだ。

隠れるばかりが能ではない。強いもの、毒のある生き物にその身を似せ、天敵に見せつけてだます、こういったより積極的な擬態がある。
ハチはそんな擬態のモデルには理想的だ。黄色と黒のトラ縞を見れば多くの動物はこそこそと逃げてくれる。万物の霊長たる我々でさえ「ギャーッ！ハチ、ハチ！」と大騒ぎだ。ヘビは巧みに見分けても、虫にはコロリとだまされる。

お互いに違う種類のハチでも、トラ縞コスチュームで統一したかのように、その姿は似てくる。
一度、ハチを襲って痛い目を見た天敵は、トラ縞を警戒するようになる。トラ縞の統一模様は、ハチたちにとって安全保障策なのだ。
そして様々な昆虫がそれに便乗してくる。アブが、

ガが、ハエが、カミキリムシが、ちゃっかりトラ縞に進化してくる。このニセハチ共が増え、鳥に食われるようになり、「これは食える」と鳥が覚えてしまったら、大損害だ。ハチにしてみたら「おまえらいい加減にしろ！」と言いたいところかもしれないが、そんな声をよそに、ニセハチ共の擬態は、鳥も人もだますほどに、巧妙化し、現在に至る。

だが、人間の中の虫好きという人種には、これを見破れる者がいたりもする。
数年前、沖縄で大学院生の青年が、ハチに擬態する新種のガを発見し、話題になったことがあった。
青年が発見したこのガは、ほれぼれするほどハチにそっくりであった。もし彼が虫好きでなかったなら、今もこのガは「ハチ」として生きていたことだろう。

と、いうことは、まだ他にもこんな新種がいる可能性もあるということだ。
絵空事ではなかろう。あまりに擬態が巧妙で、長らく発見されてこなかったタコの例もある。
昆虫の種類は100万種、地球上の全生物の4分の3以上を昆虫が占めている。地球は昆虫の惑星なのだ。今も世界のどこかで、何かの生き物がハチを詐称し、ぶんぶんと飛び回っているかもしれない。

モンウスギヌカギバ

翼幅は4センチほど。日本でもこの仲間は見られる。幼虫はアベマキの葉を食べる。鳥のフンのような匂いを発する。

ハエですが、何か？

中世以降のヨーロッパでは、宗教画の一隅にリアルなハエを描くのが流行したことがある。
「魔よけ」の意味があったという。あえて不浄のものを描いて、魔を遠ざけようとしたのだそうだ。
このガも、魔よけにハエを描いたのだろうか？

ガにとっての魔とは、やはり鳥であろう。
羽の模様にある赤目のハエは、鳥のフンを餌にする種類だといわれている。
たとえ獲物であっても、死骸とか、病気のもの、不潔なものを、捕食者は避ける傾向がある。その上、このガ自身も鳥のフンのような匂いを発する。
だとすると、やはりガは「不浄のハエ」を見せつけて、鳥を追い払っているのではないか、という考えが正しい気がしてくる。
だが、逆にハエを補食する動物の注意を惹いてしまうのでは……？　という要らぬ心配もわいてくる。

もうひとつには「捕食者の攻撃をかわす」という説がある。ハエを狙った敵が一撃を見舞っても、羽が散るだけで、ガの本体は致命傷を負わずに逃げ切ることができる。ハエ模様は「囮」というわけだ。
しかしそれなら、羽の端っこにでもあればいいものを、これではちょっとガの本体に近すぎやしまいか。
鳥のクチバシにぱっとくわえられれば、元も子もな

いのではないか……。と、これまた要らぬ心配がわいてくる。

だが、とにかく、ハエ模様に効果があったからこそ、このガは生き残ってきたのだ。
突然変異で、ほんの少しハエに似た模様をもって生まれたガは、生き残った。
その子孫で、もうちょっとだけ、ハエに似た模様のものが生まれると、さらに生存率が高かった。
その子孫がまた生き残り、そのまた子孫が生き残り……という、気が遠くなる連鎖の果てに、ハエ模様の完成度は高まってきた。現在の主流をなす進化論なら、そういう説明になる。
しかし、このハエの「絵」を見ていると、本当にそうなのか、確かめたいという欲求がふくらんでくる。

このモヤモヤを払拭するには、このガを観察し続け、ハエ模様が今後どのように進化するのかを、見定めるしかあるまい。一人では無理だから、子供、孫、ひ孫、玄孫にも観察を続けさせよう。
そしてそう、ざっと10万年も見続ければ、少しは何かがわかるのではなかろうか。

わたしは毒ヘビです。

わたしも毒ヘビです。

Dynastor darius
アフリカ西部の森林で見られる。幼虫にも成虫に
もヘビの擬態はなく、サナギのみがこれを行う。

身近にある奇跡とは何か。サナギである。

「サナギからチョウに」などと簡単に言うが、考えてもみてほしい。生き物が、全然まったく別の形に変身してしまうのだ。こんなに異様で、信じられないようなことがあるだろうか。

そう言われてもピンとこない人は、イヌやネコや人間がサナギになり、タコとかエビみたいな生き物に変わることを想像してみてほしい。

ただでさえ奇跡なのに、その上このサナギは、ヘビに化ける。サナギが、である。

幼虫がサナギになるのは、まだわかる。

だが、サナギがヘビとは無理矢理すぎないか。

でも、やったのだ。

しかもこのできばえだ。

擬態のモデルは、ヘビの中でもひときわ危険な毒ヘビ「ガボンアダー」だと言われている。目玉、色柄、ウロコの模様まで、実によく似せている。つっつかれると、鎌首をもたげるような動作までする。

親指ぐらいの大きさであっても、鳥にとっては恐怖なのだろう。よくぞここまで進化したものだ。

では、このサナギから羽化してくるのは、羽に大蛇の顔でもついた、大迫力のチョウかと思えば、教室の隅でお弁当を食べているような、地味なチョウチョなのであった。

マダラチョウの仲間

メキシコから中南米に分布。乾燥した太平洋側斜面の低い範囲にある、森林地帯で見られる。

「金のサナギ」などと言うと、「いくらすんのッ!?」と問いつめられそうだが、これは宝飾品などではない。正真正銘、本物のチョウのサナギだ。
金属的な光沢は、キチン質の薄膜が重なってできた層に、光が干渉してできあがる「構造色」によるものだという。しかし、そんなことまでして、なぜにこんなにもキンキラキンになる必要があったろう。

ひとつには、鏡のように周囲の色を映し出し、自分の姿を隠蔽するという、「光学迷彩」のような擬態ではないかという考え方がある。
さらには、金属的光沢そのものが、天敵を怖がらせ、遠ざけるという説。紫外線を遮るためという説もある。はっきりしたことはわかっていない。

古代エジプト人は、フンコロガシを神聖な昆虫として崇めた。フンの玉は太陽の運行、そして彼らが土にもぐり、再び地上に現れることに、「生命の復活」という象徴的意義を感じ取ったのだ。
もし、エジプトにこんなチョウが生息していたら、エジプト人たちは、まちがいなくこのサナギにも、神性を感じたことだろう。
そして王家の墓には、このサナギが副葬品として納められたにちがいない。王族の現世への復活のシンボルに、黄金のサナギ以上に適したものが他にあるだろうか?

スガ科のガの仲間

可憐なフォルム。
端正な網目模様。

これを編み上げたのは、一匹のガの幼虫である。
この美しいカゴは、繭なのだ。
熱帯雨林に棲むガの中には、こんなにもきれいな、
カゴのような繭を作るものがいる。
普通の繭では、雨が降ると水がたまってしまう。
さらには、アリなどが寄ってきて危険だ。
自らをカゴの中に包み込み、さらに糸で吊るせば、
水もたまらないし、アリも寄ってこない。
緑におうジャングルに、風が吹く。小さく美しいカ
ゴが、音もなく揺れる。
やがてサナギが羽化し、中から一匹のガが現れて、
誰知ることもなく飛び立ってゆく。
何という美しさであろう。

え？
羽化したガはどうやってカゴから出るのかって？
せっかくポエミーな気分に浸っていたのに、野暮を
言わないでほしい。
カゴの底には、ちゃんと脱出用の出口が用意してあ
るのだ。
美しい籠目だが、抜け目はないのである。

さて、「ワールド毛虫陸上2018」、次は有毒毛虫部門、短距離50センチ走です。
参加選手が、続々と葉脈に集まってきております。
今年は誰が一番早くサナギになるのか、注目です。
おや、係員が競技場に出てきました。どうしたんでしょう。サドルバック・キャタピラーにゼッケンナンバーが書いてない、ということです。たしかにタンクトップだけ着ていて、ナンバーがないですね。
これ、書いてないと失格になってしまうんですが、大丈夫でしょうか。今、審判員が協議にはいっております。
有毒警告色アピールが裏目に出てしまった模様です。
では、CMをはさんで再び中継を続けたいと思います。
実況担当はわたくし、ヤママユガ（*Antheraea yamamai*）、
解説は早川いくをさん（*Homo sapiens*）です。

サドルバック・キャタピラー
北アメリカ東部原産のイラガの仲間の幼虫。体長2センチほど。幼虫は刺激性の毒液を分泌する剛毛をもつ。多種多様な植物を餌にする。

イラガ科のガの幼虫

イラガ科のガの幼虫である。

幼虫が、すべてこんな美しい模様だったら、ガへの世間様の認識もずいぶんちがっていただろう。

突き出たツノは防御用なのだろうが、魅惑的で、さしづめ小悪魔といったところだ。

その姿から、このガの仲間には「ルシファー」と呼ばれるものがいる。

ルシファーは堕天使、神と対立して天界を追われた、天使の成れの果てだ。

地上では見かけないと思っていたら、こんな姿になっていたのだ。

ルシファーは、やがてサナギとなり、羽化する。

しかしいくら羽ばたいても、もう二度と天上界へは戻れない。

モンキー・スラグ

イラガ科のガの幼虫。北アメリカでよく見られる。「モンキー・スラグ」は俗称。毛で密に覆われた突起があるのが特徴。

ふわふわした毛皮の動物は、人を癒やす力があるのだという。
ではこの幼虫はいかがですか？
これはガの幼虫の一種、イラガの仲間。英語では「モンキー・スラグ」と呼ばれます。直訳すれば「サルナメクジ」です。
この毛は、もちろん天敵よけ。左右に突き出す触手のようなものは、幼虫の腹脚ではなく、単なる突起ですね。
鳥を寄せつけないように、けなげにがんばっているんです。
いかがですか？ サルナメクジ。
写真を見ているだけでも、疲れた心と体が癒されるようですね。

レディー・ガガ
アメリカの音楽アーティスト。その卓越した音楽的才能もさることながら、奇抜なファッションでも話題をふりまく。

生物の優れた機能を模倣し、技術開発に役立てることを「バイオミメティクス」という。競泳用の「サメ肌水着」などがいい例だ。
しかしそういった有用性とまったく関係なく、人間が作ったものが、たまたま偶然、生き物に似てしまう例もある。
写真は、いわずとしれたレディー・ガガさん。毎度ご苦労さまです。
この姿を見て「イラガだな」と思った昆虫関係者は、世界で300人ぐらいはいるんじゃないかと思う。
そしてその中の10人ぐらいは「レディー・イラガガ」などと、ぼそっとつぶやき、うまいこと言ったつもりになったんじゃないかと思う。

Aspidomorpha miliaris

Ischnocodia annulus

カメノコハムシというハムシの仲間。
宝石みたいにかわいらしいやつら。
透明パーツの使い方が、何とも心憎い。
とても小さくて、素敵なカフスボタンになりそうだ。
ムシ嫌いの方も、これならいけるのでは？
でも、こんなきれいな甲虫が、ダンゴムシから
触手がいっぱいはえて、さらに背中にウンコをしょった、
気色の悪い姿の幼虫時代を過ごして
きたと知ったら、やっぱり、だめだろうか。
ウンコは、天敵よけなんですけど。
やっぱり、だめですか。もうお帰りですか。
ではさようなら。

モモブトオオルリハムシ、である。
「瑠璃」というなら、玉虫のように楚々としていればいいものを、「腿太」である。たくましいのである。イメージが混乱してかなわない。

この足は、大ジャンプをするためにあるのではなく、餌場や、メスをめぐるオス同士の戦いのためではないかと推測されている。互いに蹴り合い、相手を押さえこんだほうが勝ちだ。
では美しい瑠璃色は何かというと、防衛用だ。

昆虫の主な天敵である鳥類は、色が変わるものを避ける性質がある。見る角度によって色が変化する、キラキラした玉虫色。まさに鳥が嫌がるものだ。この性質を利用した、カラスよけの反射シールもある。この虹色は「金のサナギ」同様、キチン質の層に光が反射して見える構造色。実際に赤やら青やらの色がついているわけではない。DVDの円盤やシャボン玉に虹色が見えるのと同じ理屈だ。

この虹模様は、鳥にとっては騒音のような、悪臭のような不快なもの。人間がそれを美しいと思うのは、いわば勘ちがいのようなものだ。
名宝中の名宝、法隆寺の「玉虫厨子」も、もしカラスが見たら、ご婦人がポルノ雑誌を見たときのように、眉をひそめるのだろう。

モモブトオオルリハムシ

最大体長5センチにも達する、世界で最も大きなハムシの仲間。マレーシア半島、ボルネオなどで見られる。

ウリクラゲ

「クシクラゲ」と呼ばれる有櫛動物の仲間。体長6〜10センチほど。他種のクシクラゲを補食する。櫛板列の発光は、天敵から身を守るためと考えられている。

ウリクラゲは「クシクラゲ」と呼ばれるクラゲの仲間だ。体の表面にある繊毛(せんもう)を、波打つように動かして泳ぐ。無数のオールで船をこぐようなものだ。

この「オール」に、虹色のイルミネーションが輝く。微細な繊毛運動が光に反射して現れる構造色は、壮麗な光のページェント。光の回折(かいせつ)と干渉が織りなす、夢幻の虹模様。照明デザイナーが練り上げた光の演出のようで、とても生き物のものとは思えない。表参道に飾ったら、関東周辺からカップルがわんさと訪れそうである。

ウリクラゲは、そんな幻想的な光の模様を瞬かせながら、優雅に泳ぐ。そしてにわかに大口を開けると、他のクシクラゲを丸呑みにするのである。

ニシキテグリ

スズキ目ネズッポ科に分類される種。太平洋のサンゴ礁帯に生息する。全長5〜7.5センチほど。多毛類、甲殻類、小形の貝などを餌にする。

　ニシキテグリは、自然界で唯一の「青い生き物」だ。そう言うと、青いチョウも、青い鳥もいるではないかと言われそうだが、これはもはやおなじみ「構造色」のなせるわざ、鱗粉や羽、細胞の微細な結晶に光が干渉して現れる、擬似的ブルーだ。
　だが、ニシキテグリの青は、自然界では非常に珍しい、色素による青なのだ。

　人間も青色を得るのに、四苦八苦してきた歴史がある。近年、偶然に新しい青色が発見されたというが、これは200年ぶりのこと。青色は自然界に存在しない、貴重品なのだ。

　だがなぜだか、どういうわけだか、この魚だけが、そんな青をやすやすとその体にもっているのである。しかもこの配色だ。憂鬱なブルーとはほど遠い、生命力がむせかえるような青色だ。

アヤム・セマニ

インドネシア原産のニワトリの品種。様々な交雑を経て現在の形になったと考えられている。性質は機敏で、卵は普通の白色。

予算の関係で、このページはモノクロ印刷です。
なんていうのは冗談だヨ！
ぼくたちは、こういう色なんだ。
え？　実はカラスだろうって？
ちがうちがう、ボクたちは正真正銘のニワトリ、真っ黒なニワトリなんだ。
どう？　一点の曇りもない、見事な黒。骨や肉までもが真っ黒なんだ。
インチキなんかじゃないよ。内蔵まで黒いんだから。でも別に腹黒いってわけじゃないからね。
もちろん、ヒヨコの時から真っ黒さ。
ぼくを見てごらんよ。ほら、堂々たる黒。
ちっちゃいからってバカにしないでよ。
ああ、でもやっぱり早くパパみたいに立派なニワトリになりたいや。
トサカ、かっこいいよね。
早く大きくなって、仲間と「ブラックチキン軍団」を結成して、闇にまぎれてなぐりこみをかけるのがぼくの夢なんだ。

え？　どこにだって？
ケンタッキーにきまってるでしょ！
ピヨ！

生き物模様、人間模様

「この模様って、誰が描いたんだ……？」
水族館で熱帯魚を見た人は、誰しも一度はこんな風に思ったことだろう。
この美しい模様を描き出していたのは、画家でもデザイナーでもなく、ある純然たる数学的法則である。その法則を「チューリング・パターン」と言う。

「チューリング・パターン」を提唱したのは、1912年にイギリスに生まれた数学者、アラン・チューリング。コンピュータの基礎理論を創り、第二次大戦中、解読不可能と言われたドイツ軍の鉄壁暗号「エニグマ」を、独自に開発した暗号解読機で破った業績でもよく知られている。

1952年、チューリングは、生物の形態が形づくられるにあたり、化学物質が自立的にあるパターンを描いていくという理論を示し、「反応拡散方程式」という数理モデルを提唱した。
生き物の色素細胞はこの数式に則って互いに反応しあい、自動的に様々な模様が形作られる。これが「チューリング・パターン」である。

「チューリング・パターン」は、実際の生き物での証明ができないため、長い事忘れられていた。

だが近年になって、大阪大学・近藤滋教授らの、タテジマキンチャクダイという熱帯魚の縞模様に着目した研究によって、ついにこれが実証された。
当時、この魚の模様については、専門家でもわからず、近藤教授は苦心されたそうだが、熱帯魚屋のおばちゃんが「この魚の縞模様は動く」と断言したことに勇を得て、研究を進めたという。
チューリングが提唱した理論が、時代を超えて日本で証明されたのである。
アラン・チューリングは、現代のコンピュータ文明の基礎を造り、また大戦終結にも尽力した、まぎれもない偉人であった。
だが、彼は犯罪者として扱われた。チューリングは同性愛者であったが、当時、イギリスで同性愛は有罪だったのだ。
入獄を避けるため、チューリングはホルモン投与による化学的去勢を受け入れた。

1954年、チューリングは、自宅で青酸中毒で死亡しているのが発見された。ベッドのわきには、かじりかけのリンゴが転がっていた。警察はこれを自殺と判定した。
2009年、イギリス政府はチューリングに対して正式に謝罪を表明した。チューリングが没してから、半世紀後のことである。

チューリング・パターンとか、擬態の仕組みなどを
ご紹介して、生き物の模様について、さも知った風
な事を書いてきたが、実は何にもわかっていない。
それが証拠にあなた、このイモムシのことは、いく
ら調べても、何にもわかりません。
いっそボツにしようかとも思ったが、捨てがたいの
で載せてみた。いかがでしょうか。

「アツアツぷるぷるエッグマフィン」を注文して、クラゲが出てきたら、店長を呼ぶべきだろうか？
そう、これはクラゲである。通称名は当然のことながら、目玉焼きクラゲ。それ以外に呼びようがない。
クラゲは補食動物で、魚、エビ、プランクトンなど、様々なものを食べる。目玉焼きクラゲの好物は、ミズクラゲという他種のクラゲ。肉食の目玉焼きなのだ。
しかし、そんなクラゲも他の生物に利用されることがある。カニやエビの幼生には、クラゲの傘に乗っかって、タクシー代わりに使い、さらには餌をちょろまかすものがいる。そういう幼生が、このクラゲに乗った場合は、「アツアツぷるぷるシュリンプエッグマフィン」となるのである。やっぱり店長を呼ぼう。

サムクラゲ

北太平洋の冷たい海に生息する。ミズクラゲなどを補食する。傘の中央部の「黄身」に見えるのは生殖腺。

ハナミノカサゴ
背びれ、尾びれ、腹びれの棘条に毒腺をもつ。
小魚などを補食する。もともとはインド洋、
西太平洋の岩礁、サンゴ礁に生息していた。

「ターミネーター」といえば、ショットガンをぶっ放しながら迫りくる、例のあの人を思い浮かべる。だが、あでやかな縞模様に彩られ、優雅に舞い泳ぐこの美しい魚がターミネーターだと言ったら、信じられるだろうか？

名前も風雅なハナミノカサゴは、大西洋の侵略的外来種、海のターミネーターと呼ばれている。
ハナミノカサゴはもともとは太平洋に分布していた。それが大西洋、カリブ海に移り住むようになると、在来種を次々と滅ぼす、殺戮者となった。
獲物の数が減ってもおかまいなし、最後の一匹を食い尽くすまでその場を離れず、その地域のある種を根絶やしにすることもあるという。魚だけでなく、地域の生態系自体が食い破られてしまうのだ。

乱獲などは、人間しかやらないものかと思っていたが、まさか魚がやるとは。しかもこの魚は、有毒のトゲで覆われている上に、移入種のため、これといった天敵もいない。敵なし。手加減なし。そして打つ手なし、だ。

この優雅な殺戮者は、貨物船のバラスト水にまぎれてやってきたのではないかと言われている。貨物船の重心を保つために積み込む、重しの海水だ。
年間に世界を移動するバラスト水は約120億トン。その中には、さらに強力な新型のターミネーターが隠れているかもしれない。

ギリシャ・レスボス島の浅瀬で撮影されたイワシの幼魚の群れ。

抜群の構図と、強烈なインパクトで、未確認生物写真の金字塔となった一枚。のん気そうなボート男のアクセントもいい味を出している。

イワシの大群は何百万、時には何億という数になり、黒いアメーバのような、巨大で不思議な模様を水面下に描き出すことがある。
左の写真は、1964年12月、オーストラリア沖でフランス人が撮影したもので、「謎の大ウミヘビ」として非常に有名だ。
能天気なほどに明るい海と、不気味なシルエットの対比が強烈な印象を残す一枚である。
この写真の真偽については、これまでにさんざん論争が繰り返されてきたが、これがイワシの群れであったという可能性を考えることも、あながち価値のないことではなかろう。実際、そういう説が浮上したこともある。
だが、それを証明することも、否定することも、もはや永久にかなわない。我々にできることは、この写真の不気味さをしみじみと観賞することだけである。

生き物の大群は、空にも不思議な模様を描き出す。何万羽というムクドリの群れは、うねり、伸び縮みして、巨大な生き物のように大空にのたうつ。その不気味で壮大な様は「おばけ」という形容がぴったりだ。大空のおばけは、これまで一体どれだけの芸術家に、着想やインスピレーションを与えてきただろうか。

『キュクロプス』 オディロン・ルドン 油彩 1919年

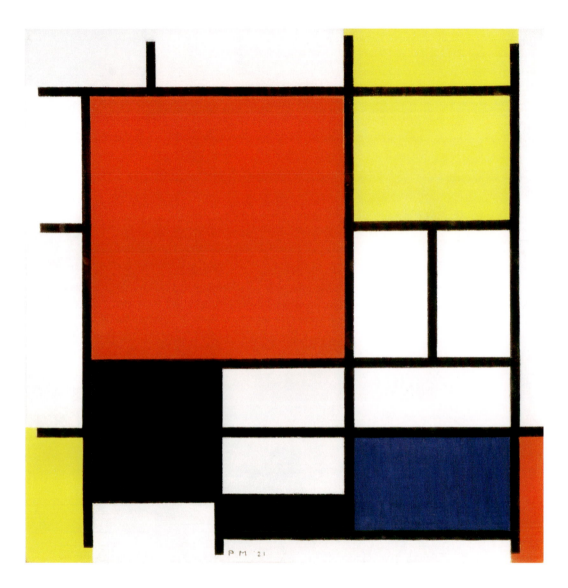

『赤・黄・青と黒のコンポジション』 ピエト・モンドリアン 油彩 1921年

アカミノフウチョウ

全長21センチ。優美な姿をした「極楽鳥」の一種で、フウチョウ科の鳥類。ニューギニア島の一部地域でのみで見られる。

『赤・黄・青と黒のコンポジション』　アカミノフウチョウ（オス）

　ハデな色と奇妙なダンスでの独演会を開き、メスに求愛するアカミノフウチョウのオス。その配色がもう、もろにモンドリアン。どう見てもモンドリアン。モンドリアンったらモンドリアン。

ギンケイという鳥である。
飾り羽を広げてメスに求愛する。
変テコだとしか言いようがない。
だが、彼はここが男の見せ所とばかりに、
メスの周りを闊歩する。
彼女は、無視する。
オスはあきらめきれない。
メスの視界に入ろうとウロウロと歩き回る。
彼女は、無視する。
歩き回る。無視。歩き回る。無視。
無言劇は、延々と続く。
一世一代の衣装も、やがて哀しみの色を帯びてくる。
それでも彼はあきらめきれない。
気の弱いストーカーのようにあたりを歩き回る。
鳥類の求愛というと、タンチョウヅルのダンスのよ
うな優美なものをすぐに連想するが、鳥類の求愛パ
フォーマンスは、地味で、不可解なものも多い。
そしてそれは報われない事も多いのだ。
ちなみにギンケイのメスは、地味な山鳩みたいな姿で、
面白くも何ともない。

ギンケイ

中国、チベット、ミャンマー北部の、山岳地帯の森林に生息する。植物の種や小動物を捕らえるとされる。オスはその派手な色彩の羽を広げ、メスに求愛行動をとる。

「魚は切り身の姿で泳いでいる、と思っている子供がいる」といった話が流布したことがある。
これを聞いて嘆いた人はたくさんいるが、我々大人だって、実は五十歩百歩だ。

多くの人は、イカは白いと思っている。
だがあれは水揚げ後の姿、実際のイカの体色はというと……「ない」と言うべきかもしれない。イカの体は、様々な色に、様々な模様に、まるでテレビのチャンネルを切り替えるように変化するからだ。

これは模様によるコミュニケーションと考えられている。緊張、警戒、怒り、興奮。色素胞と呼ばれる細胞の伸縮で、イカたちは自在にその姿を変え、つぶやき、叫び、そして歌う。岩や海藻に化けて身を隠したり、敵を威嚇したりも、もちろんできる。
そして、愛も語れる。

オスのイカは、全身を愛の柄模様で包み、メスに近づく。メスはその体色を見て伴侶を選ぶ。
だが、恋路に邪魔はつきものだ。求愛中の大事な場面に、ほかのライバルが近づいてくることもある。メスには愛を伝えねばならない。ライバルは追い払わねばならない。ではどうするか。
オスは、体の半分を愛の色にしてメスに見せ、もう半分を威嚇の色にしてクソ野郎に見せつける。イカ版あしゅら男爵だ。人間の裏表はわかりにくいが、イカのそれはまったくもってわかりやすい。

アメリカアオリイカ

ヤリイカ科のイカ。カリブ海、メキシコ湾から大西洋西部にかけて分布。浅海のサンゴ礁で見られる。小魚、甲殻類を捕らえる。

ハナイカ

熱帯インド洋、太平洋中部、西部に分布。胴長は10センチほど。近年、ヒョウモンダコ同様の強い毒があるらしいことが判明した。

色も模様も目まぐるしく変わる、海底に咲く花。
ハナイカをはじめて見る人がいたら、これがイカだ
とは、そもそも生き物であることすら、よくわから
ないのではなかろうか。
その上、こいつは歩くのだ。
床屋の立て看板みたいに、色柄模様をくるくると変
えながら、そろり、そろりと歩を運ぶさまは、不思
議なオモチャのようである。
しかしこれが彼らの狩りのスタイルだ。周囲に偽装
してそっと獲物に忍び寄ると触腕で狙撃、獲物を瞬
時にひっつかまえる。
小魚からしたら、ハナイカは死神だ。忍び寄り、い
きなりあの世に連れ去る、花のような死神だ。

ヒョウモンダコ

体長12センチほど。岩礁、サンゴ礁に生息する。唾液に猛毒をもち、噛まれると危険。刺激を受けると、体表の青く鮮やかな斑紋を浮き立たせる。

「華麗なる猛毒殺人ダコ」などと言うと、どこぞの低予算映画みたいだが、このタコに限っていえば、その言葉通りだ。ヒョウモンダコの毒は青酸カリの1000倍にも及ぶ強力さ、解毒剤は存在しない。近年は、海水温の上昇に伴い生息域が北上、日本海でも見られるようになった。今に、日本の海水浴場にはタコ監視員が配置されるようになるかもしれない。

博士いわく、昆虫などを捕らへて喰らう罪深きトカゲの仲間なりけり。その名をトッケイヤモリと言い給ふ。全身にみだらがましき紋様ありけれど、温度や明るさによりてその色、刻々と変わるものなり。
トカゲの身分なれど鳥のように鳴き給えり。その声、「もう結構」の「けっこう」の部分に聞こえるものなり。
七度聞くと幸運が舞いこむといふ言い伝えあれども、いと甲高き声にて、三度ほど聞けば、もうけっこうという気分になりにけり。宗教画のような写真なれど、特に深い意味はなきにけり。

トッケイヤモリ
中国南部からインドにかけて広く分布。
全長25〜35センチほど。夜行性で、
昆虫類や小動物を捕らえる。

ダイソンの新発売の何かではない。奴隷が女王を扇ぐアレでもない。羽ペンでもない。「ウミエラ」という生き物である。こう見えてサンゴの仲間だ。このおかしな羽のようなものを広げて、内側の小さな触手でプランクトンを獲る。だから常に流れに向けて立っている。

ウミエラ

サンゴの仲間に分類される海産動物。葉状体と呼ばれる部分を広げ、表面にあるポリプでプランクトンなどを捕らえる。サンゴ類の中で、唯一自力移動できる。

こう見えて伸縮自在だ。夜は羽を広げてプランクトンを穫り、昼間には、くるくるとすぼまって、穴に隠れてしまう。砂の中にはビルの基礎のように、棒杭状の体が隠れており、這い出て移動もする。ウミウシはもういいかげん有名になったから、これからはウミエラを推していきたい。

ケヤリムシ
ゴカイの仲間。固着生活を送る。体長10センチほど。鰓冠に大きく広げた触手で、呼吸と同時にプランクトンを捕らえる。世界中の温帯、熱帯の海に分布。

海底に咲く、不思議な花模様。
繊細な生きたレース編み、
流れに身をまかせ、かすかに揺れ動く。
少しでも驚くと、
かき消すように隠れてしまう。
本当にまるで君のようだね。

この生き物は、ケヤリムシ。
ゴカイの仲間だ。
釣餌に使うヤスデみたいなやつだ。
花模様は触手の投網、
広げてプランクトンを捕まえて食う。
泥と分泌液で作った管に隠れて、
危険がなくなると触手を広げ
獲物をひっかける。
本当にまるでお前みたいだ。

シリキレグモ

アメリカ、中国、ベトナムで見られる希少種。体長2〜2.5センチほど。湿った葉に覆われた、粘土質の傾斜地に生息している。

トタテグモは、穴に隠れて待ち伏せ、獲物が通ると、飛び出して穴に引きずり込む。
トタテグモの仲間、シリキレグモは、狩りの技もさることながら、防備も万全だ。危険を察知すると穴に隠れ、装甲板と化した硬い尻でがっちりと蓋をしてしまう。なるほど、わかりやすい技だ。
わからないのは、装甲板に何やら奇妙な紋様が彫り込まれていることだ。一体これは何だ？　古代文明の紋章とか？　呪術師の仮面とか？

この放射状の溝は、装甲の強度を増すためではないかと考えられている。古代文明とか呪術とか言っていたら、まったく合理的な話であった。
シリキレグモの天敵は寄生蜂だ。クモに針で麻酔を注入、卵を産みつけて幼虫の生き餌にする。
この悪魔めを絶対に通さんぞ！という不屈の闘志が、物理のブの字も知らないクモに、こんなにも理にかなった防御法を会得させたのかもしれない。

だが、紋様はあまりに謎めいていて、人間の要らぬ注目を浴びてしまう。この図像に、何らかの意図を感じない者がいるだろうか？　解読すべき何かがあると思わない者がいるだろうか？
そして朱肉をつけ、ぺったんとやってみたいと思わない者がいるだろうか？

ザラカイメンの仲間

世界で最もカラフルなカイメンのひとつ。花瓶状で、ガラス状の骨格に覆われる。細胞の集合体でしかなく、これがないと形を保てない。

新たに発掘された縄文式火焔土器……
前衛生け花の花瓶……
新種のウツボカズラ……
つい買ってしまった変なアートの壷……

もちろん、どれもちがう。これは海綿である。
カイメンは、脳もなし、神経もなし、内蔵もなしなら筋肉もなしといった、ないないづくしの原始的な多細胞生物の一種。岩などにくっついて動かないため、昔は植物だと思われていた。

内部の鞭毛をせっせと動かし、体中に開いた小さな穴から水を吸い込んで、上部の穴から排水、有機物を濾し取って餌にしている。「呼吸する壷」だ。
カイメンは、1匹、2匹と勘定できない。ひとつを切り離せば二つになり、カイメン同士が融合したら、またひとつだ。自他の区別が曖昧なのだ。

いきなり話がすっとぶが、仏教では自我を否定する。
自分と他者の区別があるところから、妬み、羨望、憎悪、所有欲、支配欲などの欲望が生じ、それがかなわないから苦しみが生じる。
カイメンのように自他の区別がなくなれば、きっと人類は幸福になれるのだろう。カイメンは、原始的な生き物だが、仏教的には高度な生き物なのだ。
強引に結論づけたら、仏具にも見えてきた。

シャコガイ

インド洋、太平洋の浅海のサンゴ礁に生息する。シャコガイの中でも最も小さい種。外套膜に共生する褐虫藻が、光合成して出す栄養素を取り込んでいる。

これは貝の口、シャコガイの開口部だ。
緑色のひもに見えるのは貝の身、外套膜(がいとうまく)と呼ばれる部分で、
種類によって様々な色柄模様がある。
ここにある種の藻が住み着いている。
藻は、シャコガイの出す排泄物や二酸化炭素を、シャコガイは、
藻が光合成して出す栄養素や酸素を、互いに利用して生きている。
しかしそう知らなかったら、これはくねくねと曲がりながら
どこまでも延びてゆく、道のようにも思える。
不思議な模様に彩られた、無限のつづら折り。
いずことも知れず続いてゆく、果てしない道。

ヘビヌカホコリ

変形菌の中でも一般的な種類。春から秋にかけて、湿った朽ち木の表面などに発生し、網目のような子実体を形成する。

ひたすら歩いていると、道はくねくねと曲がり、絡まり、もつれあい、迷路のようになってしまった。変形菌の作り出す網目模様は、惑いと後悔の紆余曲折、悩み多き人生の縮図のようだ。

そう、これは「変形菌」だ。
胞子によって繁殖するくせに、動き回って微生物を食べるという、動物でも、植物でも、菌類でもバクテリアでもない不思議な単細胞生物のことで、様々な種類がいる。
アメーバのようにうごめきながら成長していき、複雑な網目模様を形づくっていく。
近年、この変形菌に迷路を解かせるという、日本人研究者の実験が話題になった。
迷路の入り口と出口に餌を置くと、変形菌はじわじわと動いて、餌と餌とを最短ルートでつないでしまう。つまり迷路を解いてしまうのだ。脳も、神経も、筋肉もないのに、だ。

しかし、人生という迷路の中に入ると、我々は変形菌のように賢くは振る舞えない。
行っては戻り、戻っては行き、壁にぶつかり、行き止まり、ため息をつきながら歩き続ける。出口もわからないまま歩き続ける。

迷路はますます広がるばかり。人生はまるでサンゴの表面、歩けども歩けども、迷いばかりの無限回廊。ガイドもなく、道しるべもない。途方に暮れる一人旅だ。

だが、孤独に迷路をさまよっていると、思わぬ出会いがあったりするのも、また人生。
この中にも何だかカワイイのが隠れている。えっ、どこどこどこ？　カワイイのどこ？

ノウサンゴ
インド洋から西太平洋にかけて、浅海でよく見られる造礁サンゴの重要な種。半球状の群体を形成する。

人生迷路を、遠目に眺めてみたら、脳だった。
ノウサンゴは、まさに脳そのもの。
静かな海底に鎮座して、誰知ることもなく、
不思議な模様をひねり出す。
大脳皮質のラビリンス、苦悩と論理の迷い道。
思い煩い、悩みごと、不安、心痛、不平不満。
気がつくと全部、この脳のしわしわ模様が作り
出しているのだった。
考えていてもしょうがない。
心配してもしょうがない。
そう思ったら、ポンと迷路から抜け出せた。
するとそこには、なぜかカメムシがいた。

エサキモンキツノカメムシ

北海道から奄美大島まで広く分布。体長
1センチほど。ミズキ、サンショウなど、植
物の汁を吸う。オスが抱卵する。

カメムシをよく見てみれば、
あらあらかわゆいハート模様。
やっぱり人生、愛なんだ。

え？ くさいって？
カメムシだけに？

でも、ぼくらを救うのは、愛と寛容だ。
人生の目的は、手近にいて愛されるのを待っている
だれかを愛することだ、とカート・ヴォネガットも
言ってるし。
洗濯物にカメムシがとまっていても、こんなのだっ
たら許せるじゃないか。
そういう訳で本書は、サイケデリックに匹敵する古
さの、この言葉で終わる。

ラブ＆ピース！

ラーブ・アンド・ピース、カメムシ！

掲載生物データ

カバー写真
Argema mittrei

熱帯雨林に生息する大形のガの一種。マダガスカルの固有種。翼幅20センチ、後翅の尾状突起は15センチに及ぶ。これはコウモリが発する超音波による反響定位を撹乱させるためと考えられている。成虫は1週間程度生きる。現在、生息地減少による絶滅が危惧されている。

P2-5　ヒガイの仲間
Volva volva

ウサギガイ科の巻貝の一種。本州中部以南の太平洋岸に分布。岩礁や海底の砂地に生息。外套膜が貝殻を覆うが、この外套膜と貝殻の隙間に生じる外套膜液の化学作用によって貝殻が形成される。サンゴの一種、ウミトサカを餌にすると考えられている。

P6-7　ツノゼミの仲間
Membracis sp.

エクアドル共和国のミンドで撮影されたもの。ツノゼミの仲間は、植物の汁などを吸って生活している。世界で3000種以上が記録されているが、その多くが中南米の熱帯地域に生息している。いずれも奇妙な形態をしているが、その理由ははっきりとはわかっていない。

P8　ピグミー・シーホース
Hippocampus bargibanti

インドネシアで撮影。近年になって発見された、体長が2センチ以下という、非常に小さいタツノオトシゴの一種。インドネシア、オーストラリア北部、南日本などのサンゴ礁で見られる。体表のイボ状の形と模様が、サンゴと非常によく似ているため、発見は困難。

P10-11　アカオニガゼ
Astropyga radiata

ガンガゼの仲間で大形のウニ。活発に動き回ることで知られる。インド洋、太平洋の暖かい海で見られる。藻類を食べる。光に敏感で、危険を察知するとその方向にトゲを向けることができる。トゲには毒があるが、致命傷を与えることはない。群生することもある。

P12-13　ウニ（ガンガゼの仲間）の骨格

ガンガゼ科に属するウニの仲間。長いトゲが特徴。有毒で刺されると非常に痛い。ウニの骨は炭酸カルシウムからなり、多数の骨片が組合わさってできている。小さな穴が帯状に並んでいるのは、管足が通る部分である。

P14　リクガメの甲羅

カメの甲羅がいかにして発達してきたかは、生物学上の大きな謎とされてきたが、近年カメの発生過程の中での、骨格の位置関係の変化の観察などにより、カメの背甲は肋骨が発達してできたことを日本の理化学研究所が解明した。

P16-17　ニシキウミウシ
Ceratosoma trilobatum

イロウミウシの仲間。インド洋、西太平洋で見られる。個体によって、大きな色の違いがある。外套膜周縁にある突起物が特徴。ウミウシ類の多種多様な色彩と模様は、隠蔽的擬態なのか、有毒の警告なのかなど、議論がいまだに別れる。

P18-19　インターネットウミウシ
Halgerda okinawa

ヒオドシウミウシ属。オキナワヒオドシウミウシとも呼ばれる。電子回路のような模様が特徴。沖縄、インドネシア、フィリピンなどの海で見られる。

P20-21
ウミウシの卵塊とシラナミイロウミウシ
Chromodoris coi

シラナミイロウミウシの卵塊は、クリーム色をしたきしめん状のものなので、この卵塊は、別種のウミウシのものと思われる。シラナミイロウミウシは、太平洋で多く見られる。外套膜周縁部をスカートのように翻す、独特の行動で知られる。

P22　スパージ・ホーク・モス
Hyles euphorbiae

もともとは、ヨーロッパ、アジア大陸に生息していたガの一種。成虫になると花の蜜を求めて、ハチドリのように飛ぶ姿が見られる。有害雑草の防除のためアメリカ大陸に移入されたが、今では除草剤の発達により、この働きも当時よりは縮小されているようである。

P24-25　スッポンタケの仲間
Staheliomyces cinctus

北アメリカ、南アメリカ北部の森林地帯で雨期に見られる。湿った腐葉土の上に生息する。子実体は中空の円筒形で、茶色の帯状の部分は、胞子を含む塊である。濃厚なチーズのような匂いを放ち、ハエを引き寄せて胞子を放散させる。高さは16センチほど。

P26-27　ヤドクガエル
Dendrobatidae

北アメリカ南部、南米大陸の熱帯雨林に生息し、200種以上が知られる。アルカロイド系の神経毒をもつが、これは餌のアリやダニの成分を蓄積、もしくは体内で変成しているものと思われる。種類によって繁殖形態に大きな違いがある。

P28-29　ライノセラスアダー
Bitis nasicornis

全長1メートルほどだが、2メートルを超える個体も確認されている。西アフリカの熱帯雨林に生息するクサリヘビ科に属するヘビ。鼻の突起と、体表の複雑な模様が特徴。この模様は生息地によって、色や明るさが変わる。怒ると体をふくらませ、より大きく見せる。

P30-31　ボールニシキヘビ
Python regius

アフリカに生息する、ニシキヘビ属の一種。最大全長1.8メートル。森林、草原などに生息するが、様々な環境に適応することが知られている。毒はなく、獲物の小型哺乳類などは、巻きついて絞め殺す。危険を察するとボール状に丸まる。

P32　スズメガ科のガの幼虫
Hemeroplanes sp.

コスタリカで撮影されたもの。スズメガ科ホウジャク亜科に属するガの幼虫。幼虫がヘビに「化ける」のは瞬時のことで、鎌首をもたげるような動作も伴う。こういった、無害な種が危険な種をモデルに擬態することをベイツ型擬態という。

P34,36　フクロウチョウ
Caligo illioneus

メキシコ、中米、南米の熱帯雨林に生息する、フクロウチョウ科に属するチョウ。羽を広げると20センチにもなる。夕暮れになると活動し始めるが、一度に数メートル程度しか飛ばない。腐った果実、樹液などを吸う。後ろ羽に大形の眼状紋をもつ。イメージカットに使用したフクロウは北米産だが、このチョウと生息地

を同じくするのは、スズメフクロウなど
の南米産のものである。

P38　コノハムシの仲間
Phyllium sp.
体長6〜8センチ。東南アジアの森林に
分布。木の葉に擬態するが、これはメス
のみ。カカオ、マンゴーなどの葉を食べ
る。

P39　シラホシカメムシの仲間
イネ科、マメ科などの植物の汁を吸う。
小楯板基部に円状の黄白紋があるのが特
徴。日本にもこの仲間が生息する。

P40-41　*Corystes cassivelaunus*
北大西洋、地中海、アドリア海で見られ
る。砂に隠れ、多毛虫や二枚貝などを餌
にする。甲羅面が顔のように見えること
から、マスクド・クラブ、ヘルメット・
クラブなどとも呼ばれる。オスは他のオ
スと戦ったり、メスを抱えたりするため
の長い鋏脚をもつ。

P43-44　ピーコック・スパイダー
Maratus volans
ハエトリグモ科に属するクモ類。体長1
センチ以下。オーストラリアに分布。網
を張らず、昆虫などを捕らえる。オスは
柄模様のついた腹部をメスに見せ、求愛
ダンスを踊る。模様には様々なバリエー
ションがあり、それぞれに名前がある。

P46-47　ウルトラマンボヤ
サンゴ礁に生息する群体性のホヤの一
種。「ウルトラマンボヤ」は俗称。正式
な和名はまだない。日本では沖縄の海な
どで見られる。ホヤの体は被のうと呼ば
れる組織でできており、これが収縮して
水を取り込み、水中の有機物をこしとっ
て餌とする。

P48　ツツボヤの仲間
Clavelina lepadiformis
群体性のホヤの一種。ノルウェーから
ヨーロッパの海岸沿いの南、地中海に分
布、50メートルまでの水深で見られる。
鰓嚢（さいのう）の上部に白い輪を形成
する。通常は岩などに固着する。

P50　サイケデリック・カエルアンコウ
Histiophryne psychedelica
2008年、インドネシアのアンボンで発見

された、カエルアンコウの新種。体長15
センチほど。全身を覆う白い線状の模様
はサンゴへの擬態と考えられている。額
のエスカももたない。鱗がなく、軟らか
い表皮が粘液で保護されている。胸びれ
を使って海底を這うように歩く。

P52-53　ムラサキシャチホコ
Uropyia meticulodina
シャチホコガの一種。日本列島全域、台
湾、朝鮮半島、中国に分布。体長5セン
チほど。幼虫はオニグルミの葉を食べる
が、成虫は何も食べない。年2回羽化、
4月〜6月、8月〜9月に出現する。

P54-55　陸棲ホタルの幼虫
Lampyridae
湿地や森林で過ごし、カタツムリやミミ
ズなどの生物を餌にするものが多い。幼
虫が発光するのは、カエルなどの捕食者
を遠ざけるためと考えられている。よく
知られるゲンジボタル、ヘイケボタルの
水生幼虫は、2000種を数えるホタルの中
では、むしろ特殊といえる。

P56　ウコンハネガイ
Ctenoides ales
太平洋の浅海の、岩場やサンゴ礁などに
生息する。殻高5センチ。「発光」の正
体は二酸化ケイ素でできた極小の球体が
光を反射させていることがわかっている
が、その理由など、不明な点が多い。

P58　モンスズメバチ
Vespa crabro
ヨーロッパから日本にかけて見られる中
形のスズメバチ。働きバチは体長2〜3
センチ弱。ガ、トンボ、甲虫などの大形
の昆虫を捕らえるが、落ちた果実なども
食べる。それほど攻撃的な性質ではない
とされる。

P59　スカシバガの仲間
Sesia apiformis
ヨーロッパ、中東に固有の大形のガ。成
虫は湿地のほか、公園などでも見られる。
幼虫はポプラ種の樹木を餌にし、幹に穴
をあけてその中でサナギになる。成虫は
6月中旬から7月にかけて出現する。近
年は数の減少が危惧されている。

P62-63　モンウスギヌカギバ
Macrocilix maia
翼幅は4センチほど。成虫は5月に出現

する。幼虫はアベマキの葉を食べる。鳥
のフンのような匂いを発する。日本産の
ものは紋様が写真のものほどはっきりし
ない。マレーシアのサバ州、ダヌムバレー
保護地域で撮影。

P66　ガボンアダー
Bitis gabonica
クサリヘビ科アフリカアダー属に分類さ
れる、アフリカで最大級の毒ヘビ。アフ
リカ大陸のサハラ以南の熱帯雨林に生息
する。全長1.2〜1.6メートルほど。体
表の砂時計のような柄模様が、森林の地
面に対して偽装効果をもつ。

P67-68　*Dynastor darius*
ダリウスフクロウチョウ属のチョウ。ア
フリカ西部の森林に生息する。サナギは
ガボンアダー（*Bitis gabonica*）をモデル
にしていると考えられている。幼虫も成
虫もヘビの擬態はなく、サナギのみがこ
れを行う。

P70　マダラチョウの仲間
Tithorea harmonia
メキシコから中南米に分布。乾燥した太
平洋側斜面の低い範囲にある、森林地帯
で見られる。

P72　スガ科のガの仲間
Yponomeutidae
写真には *Yponomeutidae* と種名が記され、
コスタリカで撮影とあるが、それ以外の
データはない。この種のかごのような繭
を作るガの生態については、あまり多く
のことはわかっていないようである。

P74-75　イラガ科のガの幼虫
Acharia stimulea
北アメリカ東部、南アメリカ北部、メキ
シコで見られるイラガの仲間。幼虫は刺
激性の毒液を分泌する鋭い毛をもつ。成
虫は茶褐色の毛に覆われた外観となる。
成虫は翼幅2〜4センチ、メスがオスよ
り大きい。

P76　イラガ科のガの幼虫
おそらく *Semyra* の一種、またはそれに
近い仲間のもの。

P78　モンキー・スラグ
Phobetron pithecium
イラガ科のガの幼虫。北アメリカでよく

133

見られ、通称「モンキー・スラグ」と呼ばれる。体長 2.5 センチ。毛で密に覆われた突起があるが、敵に襲われると自切する。毛に毒はない。果樹園でよく見られる。成虫は翼幅 3 センチ。

P80　*Aspidomorpha miliaris*
インド、東南アジア全域に分布。体長 1 センチほど。幼虫は群生し、葉を食べて丸い食痕を残すため、農業害虫として考えられている。成虫の寿命は一ヶ月弱。透明な薄板で頭を覆い、身を守っていると考えられている。

P81　*Ischnocodia annulus*
「Target Tortoise Beetle」などとも呼ばれる。

P82　モモブトオオルリハムシ
Sagra buqueti
英語では Frog-legged Leaf Beetle とも呼ばれる。最大体長 5 センチにも達する、世界で最も大きなハムシの仲間。マレーシア半島、ボルネオ、ジャワ、スマトラ、フィリピンなどで見られる。背の虹色は構造色。大きな後肢は、植物を食べている間、茎を抑える役目も果たす。

P84-85　ウリクラゲ
Beroe cucumis
「クシクラゲ」と呼ばれる有櫛（ゆうしつ）動物の仲間。「櫛板」と呼ばれる繊毛で海中を泳ぐ。体長 6 〜 10 センチほど。他種のクシクラゲを補食する。櫛板列の発光は、天敵から身を守るためと考えられている。

P86-87　ニシキテグリ
Synchiropus splendidus
スズキ目ネズッポ科に分類される種。太平洋のサンゴ礁帯に生息する。全長 5 〜 7.5 センチほど。多毛類、甲殻類、小形の貝などを餌にする。青い体色は色素によるもので、他に類例がほとんどない。観賞魚としても人気があるが、飼育は難しいとされる。

P88-89
アヤム・セマニ
Ayam cemani
インドネシア原産のニワトリの品種。東インド会社のオランダ人がインドネシアにもちこんだものが、様々な交雑を経て現在の形になったと考えられている。性質は機敏で、卵は普通の白色である。

P92　不明

P94-95　サムクラゲ
Phacellophora camtschatica
北太平洋の冷たい海に生息する。他のミズクラゲなどを補食する。傘の中央部の「黄身」に見えるのは生殖腺。

P96　ハナミノカサゴ
Pterois volitans
フカサゴ科ミノカサゴ属に分類される有毒魚で、背びれ、尾びれ、腹びれの棘条（きじょう）に毒腺をもつ。頭部に眼状皮弁があるが、老成とともに退縮する。小魚などを補食する。もともとはインド洋、西太平洋の岩礁、サンゴ礁に生息していたが、近年、大西洋に移入した。

P98-99　ヨーロッパマイワシ
Sardina pilchardus
主には、カタクチイワシ属、ウルメイワシ属、マイワシ属、サルディナ属のものを、日本では総称して「イワシ」という。沿岸性の回遊魚で、時に巨大な群れを形成する。古くから、世界中で漁獲される一方、海の生態系を下支えする「海の牧草」などとも言われた。

P100　ホシムクドリ
Sturnus vulgaris
スズメ目ムクドリ科に分類される鳥類。雑食性。非常に大きな群れを作ることで知られる。ヨーロッパ、スカンジナビア半島、ロシアに生息し、冬期はアジア、地中海沿岸の地域にわたって越冬する。適応力が非常に強く、移入先で大繁殖し、在来種を圧迫するなどの害がある。

P103　アカミノフウチョウ
Cicinnurus respublica
優美な姿をした「極楽鳥」の一種で、フウチョウ科の鳥類。ニューギニア島西部のワイゲオ島と、バタンタ島のみで見られる。全長 21 センチ。オスは枝につかまり、メスに求愛ダンスを踊る。オスは色鮮やかだがメスは地味な体色である。果実類や昆虫などを餌にする。

P104-105　ギンケイ
Chrysolophus amherstiae
キジ目キジ科に分類される鳥類の一種。中国、チベット、ミャンマー北部の、山岳地帯の森林に生息する。オスは尾羽を含めて全長 1.5 メートル、メスはその半

分程度。地表を移動し、植物の種や小動物を捕らえる。オスはその派手な色彩の羽を広げ、メスに求愛行動をとる。

P106-107　アメリカアオリイカ
Sepioteuthis sepioidea
ヤリイカ科のイカ。カリブ海、メキシコ湾から大西洋西部にかけて分布。浅海のサンゴ礁で見られる。外套長 20 センチほど。毎日、体重の 30 〜 60％の餌を消費する。色素胞の神経制御によって自在に体色を変化させる。近年、ごく短距離なら海面を飛べることがわかった。

P108　ミナミハナイカ
Metasepia pfefferi
コウイカ科ハナイカ属に属する頭足類の一種。目的に応じ、体色を多彩に変化させる。熱帯インド洋、太平洋中部、西部に分布。魚雷形で、胴長は 10 センチほど。海底を這うように移動し、小魚や甲殻類を補食する。ヒョウモンダコ同様の強い毒があるらしいことが判明した。

P110-111　ヒョウモンダコ
Hapalochlaena lunulata
マダコ科ヒョウモンダコ属に属するタコの一種。体長 12 センチほど。太平洋から西太平洋の温帯、熱帯に広く分布、岩礁、サンゴ礁に生息する。唾液に猛毒をもち、噛まれると危険。刺激を受けると、体表の青い斑紋が浮き出る。獲物を補食するときは、別種の毒を水中に放出して相手を麻痺させると考えられている。

P112-113　トッケイヤモリ
Gekko gecko
ヤモリ科ヤモリ属に分類される爬虫類の一種。中国南部からインドにかけて広く分布。全長 25 〜 35 センチほど。夜行性で、昆虫類や小動物を捕らえる。ペットとしても人気だが、気性が荒いとされる。

P114-115　ヤナギウミエラの仲間
Virgularia sp.
ウミエラ目ヤナギウミエラ科。サンゴの仲間に分類される。インド洋、太平洋に広く分布する。群体は 30 〜 40 センチほど。柄のような体が海底に埋まり、上部の葉状体を昼間に広げ、ポリプでプランクトンなどを捕らえる。夜には棲管と呼ばれる地中の管に隠れる。

P116-117　ケヤリムシの仲間
Sabellastarte sp.
主としてインド洋、紅海、メキシコ湾な
どの、サンゴ礁や岩場、潮溜まりなどで
見られる。体長8センチほど。鰓冠（さ
いかん）に広げた羽毛状の触手で、呼吸
と同時にプランクトンを捕らえる。触手
の繊毛には微弱な電気が生じて、有機物
を吸い付ける。

P118　シリキレグモ
Cyclocosmia torreya
トタテグモの仲間。アメリカ、中国、ベ
トナムで見られる希少種。6種が報告さ
れている。体長2〜2.5センチほど。湿っ
た葉に覆われた、粘土質の傾斜地に生息
している。腹部が平面なのは、危険時に
マンホールのように蓋をするため。

P120　ザラカイメンの仲間
Callyspongia plicifera
オランダ領アンティルのサバ島で撮影。
カリブ海、バハマ、フロリダのサンゴ礁
に生息している。世界で最もカラフルな
カイメンのひとつ。高さ27センチ、直
径13.5センチほど。花瓶状で、ガラス状
骨格に覆われる。細胞の集合体でしかな
く、これがないと形を保てない。紫色か
らピンク色のものまである。

P122-123　ヒメシャコガイ
Tridacna crocea
ザルガイ科シャコガイ亜科オオシャコ属
の貝。インド洋、太平洋の浅海のサンゴ
礁に生息する。シャコガイの中でも最も
小さい種。外套膜表皮下に共生する褐虫
藻が、光合成して出す栄養素を取り込ん
でいる。シャコガイの外套膜の色は、虹
彩胞と呼ばれる細胞の構造と配列の違い
によるもの。

P124-125　ヘビヌカホコリ
Hemitrichia serpula
変形菌の中でも一般的な種類。数平方セ
ンチにわたり、網目のような子実体を形
成する。内部には胞子が詰まっている。
春から秋にかけて、湿った朽ち木の表面
などに発生する。アジア、ヨーロッパ、
南北アメリカで見られる。胞子の長期生
存が可能で、75年たっても発芽すること
が確認されている。

P126-129　キクメイシ科のサンゴ
Faviidae
インドネシア、コモド国立公園で撮影。

インド洋、太平洋でよく見られる代表的
な造礁サンゴで、1センチほどの個体が
集まり、群体を形成する。夜間にポリ
プの触手を伸ばして、プランクトンを
補食する。この仲間で塊状の群体を形成
するものがノウサンゴ属。ノウサンゴ
（*Platygyra lamellina*）を指す場合もある。
2〜3メートルもの大きさにもなる。サ
ンゴは様々な生物の住処ともなる。126
ページにいるのは、ギンポの一種。

P130　エサキモンキツノカメムシ
Sastragala esakii
カメムシ目ツノカメムシ科に分類され
る。北海道から奄美大島まで広く分布。
体長1センチほど。ミズキ、サンショウ
など、植物の汁を吸う。8月頃が出現期。
小楯板のハート形の斑紋が特徴。オスが
抱卵する。

135

写真提供

Biosphoto/Aflo(表 1、p10-11、p22、p28-29、p30-31、p66、p86-87)、Minden Pictures/Aflo(p2-3、p4-5、p6-7、p8、p24-25、p38、p42、p50、p54-55、p59、p62-63、p67、p68、p70、p72、p74-75、p76、p78、p80、p81、p103、p114、p115、p116-117、p120)

Dennis Frates/Aflo(p12-13)、Joy Brown/Shutterstock.com(p14)、Ardea/Aflo (p16-17、p82、p94-95)、纐纈育雄 /Aflo(p18-19)、imagebroker/Aflo (p20-21)、Rosa Jay/Shutterstock.com(p26-27)、Science Photo Library/Aflo(p32、p34、p40-41、p126-127)、apiguide/Shutterstock.com(p35)、alslutsky/Shutterstock.com(p36)、Butterfly Hunter/Shutterstock.com(p39)、Caters News/Aflo(p43、p44)、Marine Art Center/Aflo(p46-47)Ethan Daniel/Shutterstock.com(p48)、(c)yasuda mamoru/Nature Production/amanaimages(p52、53)、Alamy/Aflo(p56、p62-63)、Photoshot/Aflo(p58、p100)、Splash/Aflo(p79)、Bluegreen Pictures/Aflo (p84-85)、cynoclub/Shutterstock.com(p88-89)、Rich Carey/Shutterstock.com(p90-91)、Norjipin Saidi/Shutterstock.com (p92)、FLPA/Aflo(p96、p122-123)、Fortean/Aflo(p98)、robertharding/Aflo(p98-99)、akg-images/Aflo(p101)、Artothek/Aflo(p102)、dimakig/Shutterstock.com(p104-105) 、Masakazu Ushioda/Aflo(p106-107)、imagebroker/Aflo(p108、p110-111)、Reinhard Dirscherl/Aflo(p114-115)、Science Source/Aflo(p118)、Chelsea Cameron/Shutterstock.com(p124-125)、©MANABU/Nature Production/amanaimages(p130)

協力　Masaya Yago, Kenji Nishida (p76)

へんないきものもよう

二〇一八年八月三〇日　初版第一刷発行

著者　　早川いくを（はやかわ）

発行者　塚原浩和

発行所　KKベストセラーズ

　　　　〒170-8457　東京都豊島区南大塚 2-29-7

　　　　電話　03-5976-9121（代表）

　　　　http://www.kk-bestsellers.com/

装丁・DTP　早川デザイン

印刷・製本所　大日本印刷

校正　　　聚珍社

©Hawakawa Ikuo,Printed in Japan,2018

ISBN　978-4-584-13885-4　C0045

定価はカバーに表示してあります。乱丁、落丁本がございましたらお取替えいたします。本書の内容の一部あるいは全部を無断で複製複写（コピー）することは、法律で定められた場合を除き、著作権および出版権の侵害になりますので、その場合はあらかじめ小社宛に許諾を求めて下さい。